皆川明の旅のかけら

minä

a fragment of journey

(perhonen)

はじめに

もう一〇年以上も前、僕が初めてスウェーデンを訪れて、旧市街のガムラスタンを散歩していたとき、ショーウィンドーのシャツにひかれて立ち寄ったお店のことが、今でもはっきりと目に浮かぶ。その店はとてもきれいな色に染められた麻や綿のシャツを売っていた。それはパウル・クレーの絵のように深く沈む色や、そこから浮かぶ明るい色とコントラストをもって配置されていて、なんとも不思議な落着きと高揚を感じさせた。もう一つ印象に残ったのは、そのお店の向う側にはアトリエがあって、一人の女性がミシンをかけている光景だ。今、確かに作っているシャツが、ミシンをかけ終えるとウィンドーに飾られるのかと思うと、その一着がとても大切に思えた。

僕はその時、こんな店を作りたいと思ってから、今まで思い続けていて、ミナの店でその思いを形にしたかった。

店は白金台の庭園美術館のそばにある(現在は移転)。三階にあるので東京のわりには緑と空がたくさん見えて気持ちがいい。店内には僕が旅で見つけた布やティーカップや写真が飾られている。ミナの店を出たときに、遠くへ出かけたような、出かけたくなるような気分になってもらえたらうれしい。だから、これからも少しずつ旅のカケラを置いていこうと思っている。そして旅をたくさんして、いろんな感情や景色を布にしていきたいと思う。

右は雑誌『装苑』で二〇〇一年の一月号から始まった連載の最初の原稿です。

「これからも少しずつ旅のカケラを置いていこうと思っている」

この言葉を記して始まった連載から二年がたち、そのカケラたちは旅で出会う人々やさまざまな記憶とともに増えていき、僕たちとミナを着てくださる方々の中に残っていきました。

今回、一冊の本にそれらが集まっていくにあたり、もう一度自分の言葉を読み返してみると、いつもの変わらない自分と、何かと出会うことで変化していく自分に気づきます。きっとこれからのミナのお店やアトリエにも、僕たちはそれぞれが感じる旅やデザインのカケラを残していくでしょう。そしてそのカケラが、ずっと先の誰かの旅のカケラになっていくとしたら、僕たちの旅は続き、そして終わらない気がします。

東京・白金台にあった直営店の試着室は長距離列車のコンパートメントがイメージ。女性建築ユニット、ナナがデザインした。
撮影・三東サイ

目次

本書の表記について

○ A/W は AUTUMN & WINTER、S/S は SPRING & SUMMER を表わす。
○「」でくくられたカタカナは、生地名、もしくは製品名。
○ 文中ではブランド名を〝ミナ ペルホネン〟、もしくは略して〝ミナ〟とする。

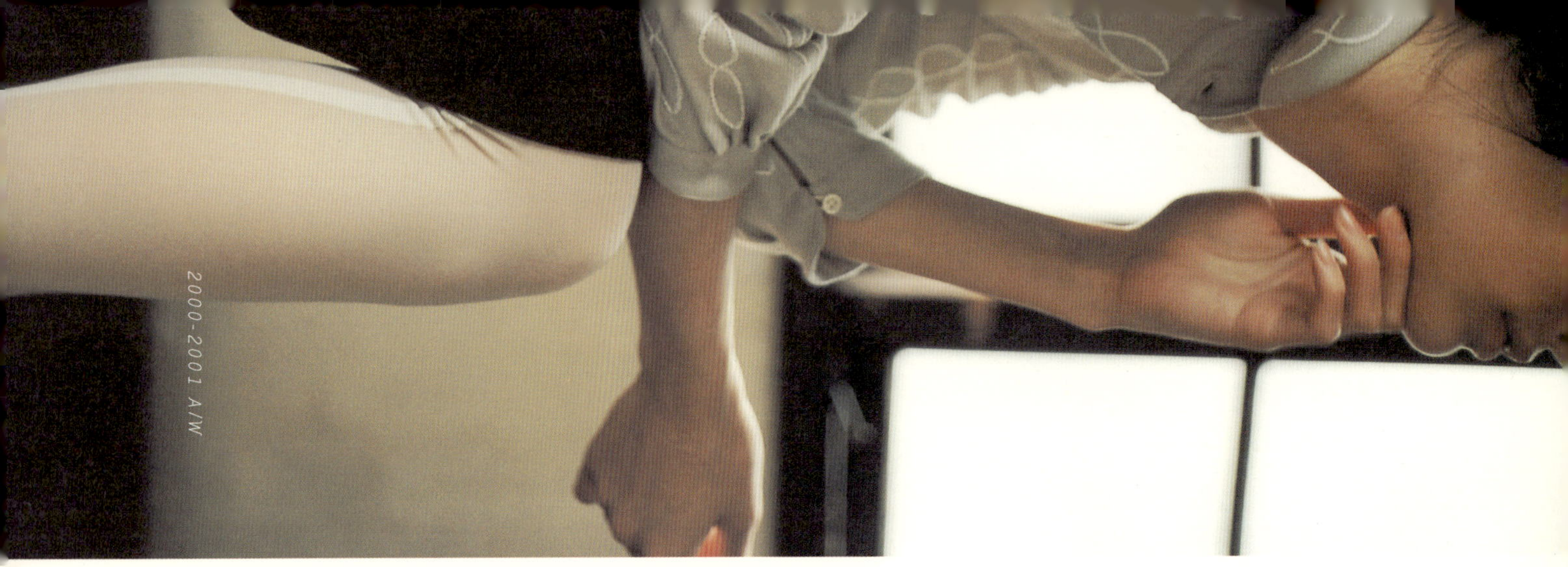
2000-2001 A/W

↑

photographs:Osamu Yokonami
hair&makeup:Shinji Ikeda(mod's hair)
styling:Yuiko Yoshimura
model:Mikako Ichikawa

← 2001 S/S

photographs:Osamu Yokonami
hair&makeup:Hiromi Chinone(Cirque)
styling:Yoko Omori
model:Alice D

2001-2002 A/W

photographs:Akira Kitajima(D-CORD)
hair&makeup:Yoboon(Coccina)
styling:Yoko Omori
model:Erika Lucas

2002 S/S

photographs:Yoko Takahashi
hair&makeup:Takayuki Miyamori(esper)
styling:Yoko Omori
model:Lena Barybkina

←

2002-2003 A/W

photographs:Kazutaka Nakamura
hair&makeup:Akino(Plus)
styling:Natsuko Kaneko
model:Ciara

2003 S/S

photographs:Hiroya Kitai(AVGVST)
hair:YAS(AVGVST)
makeup:Yoshi(AVGVST)
styling:TAKAO(Angle)
model:Irina

←

2003-2004 A/W

photographs:Hiroya Kitai(AVGVST)
hair:ShinYa for Tomi&Emi(AVGVST)
makeup:Yuki(FEMME)
styling:TAKAO(Angle)
model:Eliisa

2003-2004 A/W Tartan

photographs:Hiroya Kitai(AVGVST)
hair:YAS(AVGVST)
makeup:DAISUKE(RE PUBLIC)
styling:TAKAO(Angle)
model:Jessica

◎テキスタイル

Textile

▼布の中にある世界

布の中にある世界は、現実の世界とは違うとおもしろいと思う。想像しないと見えてこない風景。「モリノウミ」は、そんなことを考えながら生まれた布だった。深い森の中に広い海があったなら、きっとこんな船が浮かんでいるのではないか、と。本当はない景色がどこかにあるのかもしれないという空想は、テキスタイル作りの足を軽やかに、前に押し進めてくれる気がする。

布のモチーフを描くときは、そのモチーフの周りにある空気感や風の動きも表現したいと思っている。「チョウチョ」は四枚の羽を持つ本来の姿に忠実であることよりも、標本のように止まっていない、布の周りを軽やかに、わずかな風にのって舞っているニュアンスを出したくて、メビウスの輪のような二枚の羽になった。「タンポポ」なら、綿毛の飛んでいく方向だったり、「マッチ」ならランダムさかげんだったり。

もう一つ、布に込めるのは時間。モチーフが思い起こさせる時代や思い出。これは本当に個人差があって、おもしろい。しかも作り手の僕が感じる時間軸と、着る人のそれは、少し、または大きく違うものであるはずで、デザイナーの手を離れた服は、着る人が持つ新しい時間軸の中で育っていく。

布にはいろいろな糸と織り方と染め方があって、その三つを組み合わせることで、表現は無限に広がる。見た目は平面でしかないけれど、僕にとっては、とても立体的なメッセージになりうる。人が何か物を選ぶときは、その物に込められたメッセージを、無意識的に読み取り、共感していると思う。

ミナがスタートしてから七年がたっていて、作った布の一つ一つから思い出されることがある。ずっとたまっていくと、まるで布の日記のようだ。

この次、作る布はどんなことを感じながら作っていくのか、その過程が今から楽しみ。

「チョウチョ」。チョウチョが風に吹かれながら服の中を飛んでいるイメージ。紺地に白いチョウチョが飛ぶ、色違いのものもある。

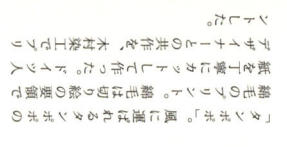

「タンポポ」。風に運ばれるタンポポの綿毛のプリント。綿毛は切り絵の要領で紙を丁寧にカットして作った。ドイツ人デザイナーとの共作を、木村染工でプリントした。

残り、まかない、といった意味を持つ言葉「サープラス」という名がついたテキスタイル。ある柄を作るために切り抜いた色紙の、残された形をモチーフに作ったもの。偶然生まれた形や美しさを生かし、布の上にとどめたデザイン。

服地を裁断したあとの残り布を使って作られるミニバッグ。卵形をした「エッグバッグ」（52ページ参照）と同様に、ミナの顔ともいえる存在。

「フォレスト」。綿ナイロン素材のベースに顔料プリントで描かれた森の中の風景。実をつけた枝が全体にストライプに並んでいる。よく見ると鳥がついばんだ実はどこから取られたのかがわかる。

▼オリジナルの布作り

初めての布は綿とシルクの花柄ジャカードで、その一種類の布でワンピースとブラウスとシャツを一枚ずつ作ったのがミナのスタートだった。自分でデザインした布が本当にできたことが、しばらく信じられない気持ちと、見た瞬間からわき上がってくるうれしさが混ざり合った抑えられない気持ちを、今でもはっきりと思い出すことができる。

オリジナルの布を作るというのは、ミナを始めるときの最初の決め事だった。それは長く続けていくときに、自分たちの作った足跡がずっと積み重なっていくのが楽しみだったのと、服のシルエットに合わせた、もう一つの表現手段を得られると思ったからだ。たて糸とよこ糸が交差するという織りのシンプルな仕組みの中に、いったいどのくらい可能性があるのか。きっと自分の持っている時間だけでは足りないだろう仕事に、とても魅力を感じた。

僕は見慣れているものの中にこそ、新しい素が隠れていると思う。それを探してデザインをおこすのが、自分には合っている。そうやってできた布の存在感が、新しいとか古いとかの時間の枠から外れて、個人的な好き嫌いの枠の中で気に入ってもらえたらと、いつも願っている。

　布の中に描くモチーフはリアルな世界ではなくて、想像したものを描いている。想像力を含んだ柄のほうがリアルなものの模写よりも、生命力を感じさせると思えるからだ。それと、本当に描きたいことはモチーフのシルエットだけではなくて、そのモチーフの置かれている状況や風向きや僕自身の気分にある。

　二〇〇一―二〇〇二秋冬の服では、柄のスケッチ段階をプリントしてみた。それは完成はしていないけれど、いちばん気持ちに勢いのある状態が習作の中にあると感じたからで、柄のシルエットの完成より、勢いを優先してみたいと思ったからだった。

　こうやって僕は布や服を作りながら、自分にとっての新しい感情や考え方に気づいていく。それが、積み重なっていく布のように自分の中にとどまっていて、またそれが次のことを気づかせたり、作る動機につながる。そういう終りのない変化のつながりを、僕はテキスタイルを通して続けていけることが本当にうれしい。そしてそれは多くの職人さんたちの力を得て、はじめて可能になる共同作業だと、一つの布が生まれるたびに強く感じる。

「タマ」ははぐし織りでできている。たて糸に柄を染め付けてから、よこ糸と織り合わせて柄を表現していく絣の一種。微妙なずれが特徴。写真・三東サイ

「マドモアゼル」。木蓮のような大きな花びらで、落ちるときはプロペラのようにくるくると落ちていく、そんな花がイメージ。写真・三東サイ

「ハニカム」を刺繍している現場。ミナの柄は刺繍が複雑なので、大量生産できず、スピードも普通の三分の一の速さでゆっくりと進んでいく。神奈川レース工場にて。写真・三東サイ

▼ミナを生み出す道具たち

僕はアイディアを思いついたとき、メモ帳に鉛筆でスケッチをする。それは線の走りが瞬間を描き留めるのにちょうどいいからだ。微妙に違う何パターンもの絵を描くので、スケッチは筆圧のやわらかい8Bぐらいの鉛筆で描いている。それは、芯の回りを木が覆っている通常のものではなくて、芯だけでできているものだ。なので普通のものよりは重くて、力を入れなくても筆圧が得られて、とても描きやすい。図案を描くときは、鉛筆以外にも筆やフェルトペンなどを使っているが、一つ一つのモチーフをそれぞれのタッチで描いてみる。そうすると、全く違う印象のものができて、新しいバランスに気づく。コンピューターでは、さまざまな画材の表現を、画面上で作れてしまうけれど、僕はそのように描くことに違和感がある。それはなんとなく、緊張感が持てないからかもしれない。やり直しが簡単にできてしまうことや、遠隔操作のような感覚で、描くということの実感がわかないからだと思う。

修正という行為が、ときどき自分の大切な癖や、リズムを図案上から消してしまうときがあって、時間がたって後悔することがある。

気に入った道具を使っていると、自分の頭の中のアイディアが、自然と道具に伝わってきて、紙に写し取れていく。とてもシンプルな気持ちになって、描いているうちに何も考えていないような、描いているという感覚すらなくなってくるようなときがあって、それは本当に〝夢中〟という言葉がぴったりの状態なのだ。僕は意図した方向の中に偶然が混ざっていくのが好きで、絵の中にそういう部分が残っているのを、大切にしたいと思っている。それにはやり直しや、同じ状態をいくつもコピーできるコンピューターよりも、その日のこの絵しかできない、という描き方のほうが自分には合っている。だからこの先、道具がどんどん画一化されて単純になって、特性を選べなくなる日が来ないことを願っている。

自分の道具に細工をし、愛着を持って仕事をする職人のように、まず自分に合う道具を探し、それを大切にするというのは、物を作る人にとっていちばん重要なことだと思う。

以前あったアトリエでの作業風景。好きなものや道具に囲まれて過ごす濃密な時間は、集中力もアップする。写真・三東サイ

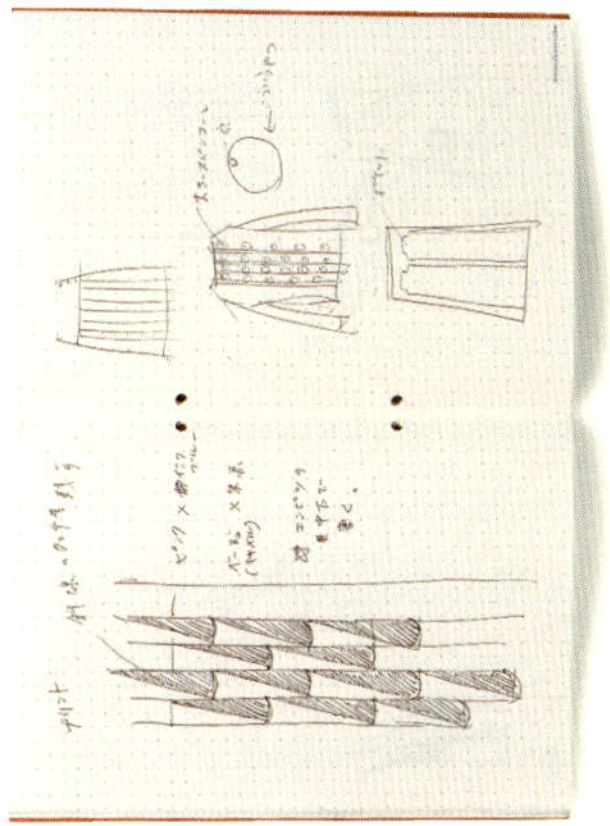

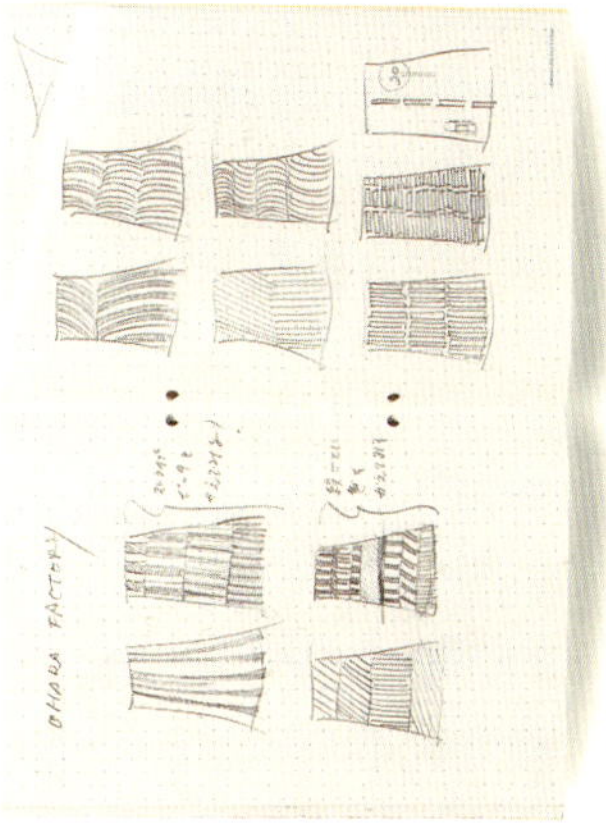

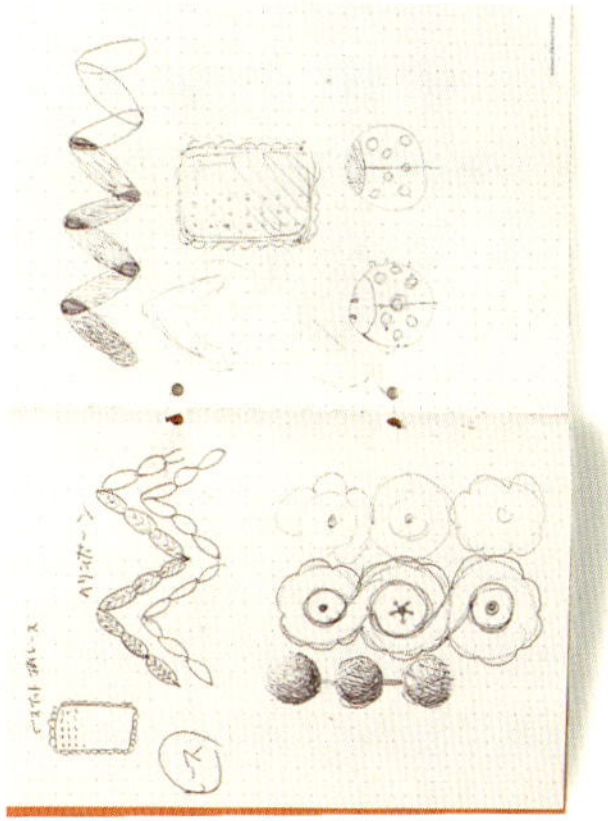

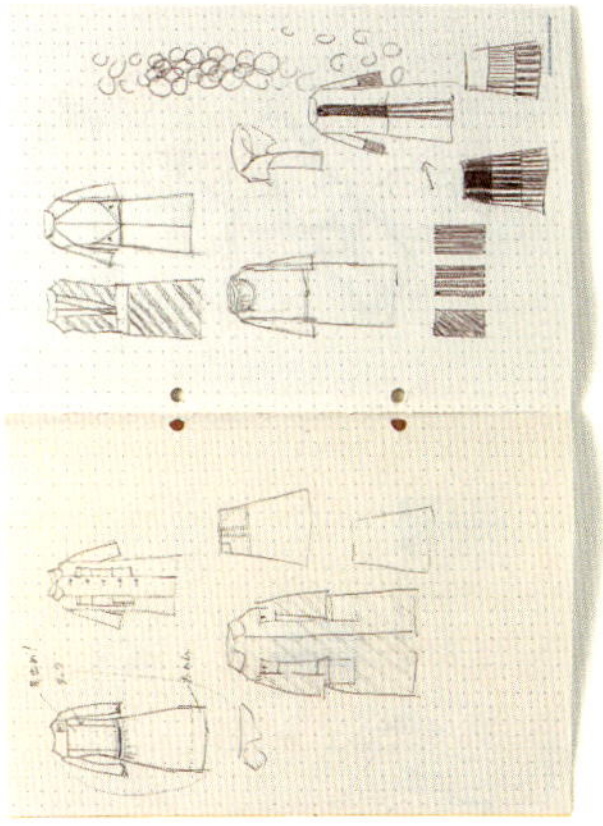

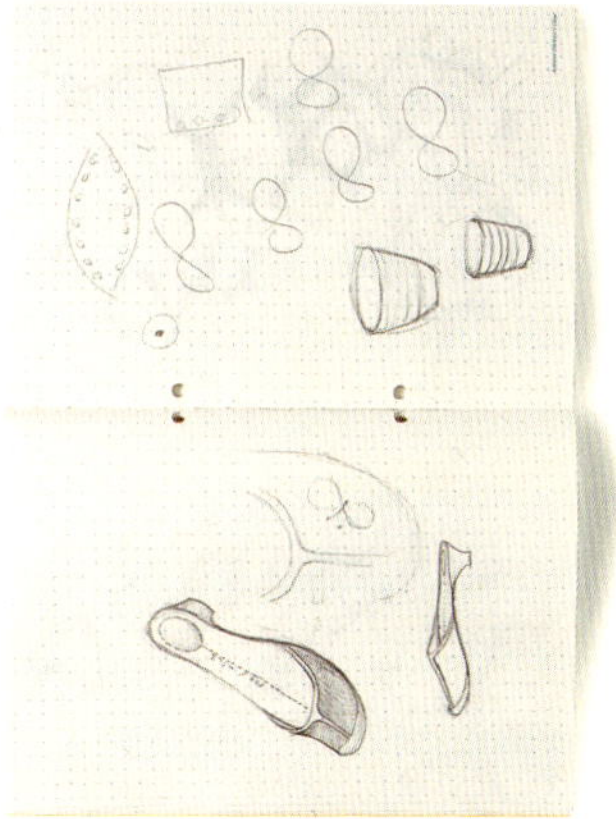

シーズンの始まりには、まずノートを用意する。ふと思いついたことは何でもメモするから、ノートを見ると、その時に考えていたことを思い出して懐かしい。

▼思いをテキスタイルにのせて

雲には〝定まらない形〟という美しさがあると思う。それは、風の強さや温度、いろいろな条件がその形を作っているはずなのに、雲そのものが自由な意志を持って形を変えているように映る。そういうふうに自分の考えや意識が、形に直接表われるのではなく、もっと自然にわいてきた形を描いてみたかった。

その思いが柄となったのが「ジェリービーンズ」と「ドローイング」だ。「ジェリービーンズ」では大きな画用紙の全面を小さな楕円形で埋めていった。楕円の配置は、自分のバランス感覚が働く前に紙に写し取ることで、偶然の位置が残るようにした。着色も水彩の時に生じる輪じみを残しながら、絵の具をのせていった。そうすることにより楕円の位置とバランスが作為的なところから離れ、自然な無秩序が表現されたと思う。

レース柄の試みとして〝モチーフのないレース〟を目指して、できたのが「ドローイング」。何か具体的な図案ではなく、繰り返されるこまやかな線（ステッチ）を布に刺していくだけという手法をとった。でき上がった柄は、僕が描いたものというよりは、レースの機械が自由に意志を持って、ステッチしたようになった。

この二つの柄の楕円やステッチは、柄がどこまでも続き、広がっていくような印象を与えてくれる。変幻自在で未完成な状態が、雲のようなんだと思う。

もう一つの表現として、規則正しく並んだ色、つまりストライプやチェックの柄を多くつかった。ストライプの柄にそって、細かいタックをたたんでいくと、整然とした色の密度が変化する。すると、スカートのフォルムが陰影を含んで、まあるくでき上がる。平面の時よりもずっと、布にやわらかさが感じられ、タックが持つ奥行きと裾へと向かっていくシルエットには、含まれた空気の存在が感じられる。

そんなふうに、平らな布の状態では見えてこない要素を、服にしていくことで見えるようにしたいと思う。それを続けることで、いろいろなデザインへのアプローチのしかたを僕は得ている気がする。

「キャンディ」。ストライプの線にそってたたまれたタックスカートのサンプルをボディに着せて。細かいタックは布に、厚みと色彩の密度の変化をもたらす。写真・三東サイ

「ジェリービーンズ」は下絵の時の線のかすれやにじみを、布の上でも表現したかった。それは九枚のプリント版で何度も色を重ねていくという作業で実現。写真・三東サイ

▼ニットの温度

人が編むことを始めたのはいつごろからなのだろう。長い時間、柄や編み地を言葉のようにつなぎ合わせていくことで無限に思えるほどの形が生まれている。その表現や模様は、人の生活と密接にかかわってきたように思う。ニットの形にはアランセーターやガーンジーセーターのように厳しい風土の中で家族のきずなから生まれたものもある。たとえば、アラン模様はアイルランドの海の男たちが荒波に出漁して、万一事故で死んだとき、編み込まれた柄で身元がわかるようにと、家族ごとに違う柄でできているそうだ。ガーンジーセーターも、まだ暗いうちから出かけるときに、後ろ前を気にせず着られるようにと前後が同じ形に編まれている。ニットの形や模様には、そういう生活の中の愛情から生まれたものが含まれていることがあるのだ。

僕もニットのデザインをするときは、自然と牧歌的というか、気持ちがやわらかくなるものを考えることが多い。特に冬のセーターには、寒い空で鳥たちが肌を寄せ合うような、温度としての温かさだけではなくて、誰かといる安心感のような温かさを感じるデザインにしたいと思っている。冬の冷たく重い空気は自分の内面を見るにはちょうどいい。包まれるような温かいニットをその時に着ると、外側の冷たさと自分の間に境ができて心地がよく、自分の内面を観察できるからだ。

数年前の冬、ヨーロッパを列車で旅していたころ、寝台列車の中ではローゲージのニットを毛布代りにして寝ていた。それを朝起きてそのまま着て街に出ていくので、なんだかペットのような愛着がわいてくる。だから旅が終わってからも、そのセーターとその時のジーンズを身につけると旅のことを思い出すので、楽しい気持ちにさせられる。今でも僕は好きなニット数枚を、代わる代わる着て冬を過ごす。中でもガーンジーセーターやボーダーのニットが好きで、だいぶくたびれた感じが出ている。けれどそれを着ると、手に入れたときからのことを振り返ることができたり、いつもの服、という安心感を感じられるので、とても気に入っている。

「ミスト」とネーミングされたカーディガン。よりの甘い柔らかい糸で、ゆったりと編まれている。かぎ針編みのふっくらとしたトリミングが、のんびり優しい気分。写真・三東サイ

Long spun

◎ 時間と手間が作る価値

▼時間の軸を超えるデザイン

七年前に一粒の種をまくようにミナを始めた。現在までに作った服や、布やバッグなどを並べてみると、それを作ったころのことが鮮明に頭に浮かんでくる。ただそれは七年という時間の長さを感じるのではなく、むしろ、一瞬のことのようだったり、すべてのものが同時に生まれてきたようにも思えてくる。

ミナを始めるとき「一生かかっても終わらないことをしたい」という気持ちだったので、数年という月日は確かに一瞬のことなのかもしれない。一つ一つのデザインをおこすたびに今の自分の視点を確認し、前に思ったことを振り返りながら次のことを考えていく。そうやってでき上がるものたちがつながっていく。そんなやり方が、僕は好きだ。それは鎖状につながるというよりは、木の年輪のように覆い重なる、という感じだと思っている。その年輪が季節ごとに太くなり、枝葉も増えていくのと同じく、デザインも積み重なっていく。それは一つのことが続いていくうえでとても楽しいことだ。自分たちの仕事を表現するときは、今を見てもらうだけではなくて、始まりから現在までを見てもらえたらと思っている。

個人の主観で感じることにデザインの魅力があるとしたら、新しい古いといった時間軸だけではない見方ができるはずだ。自分たちの服や布も、発表されたシーズンの中だけに価値があるものではなく、ずっと記憶に残る存在感を出したいといつも考えている。

人が作るものは自然界にある花や生き物と違って、人の意識が形に含まれていくところが一番の魅力なのではないだろうか。その意識の強さは、形の存在感につながっていて、僕たちはその形を通して、見えない意識を美しさとして感じ取るのだろう。

服のスタイル、様式はとても速く大きく変化している。それは確かに時代の変化と並行していて、時代を表現している。自分たちの物作りも、今を生きているから見える視点で作っていきたい。けれどそれは、始めたときの最初に生まれたものともつながっていたいと思う。そうして時間が重なっていくことも、デザインを見るうえでの魅力だと思うから。

ミナ ペルホネンのイエロー＆ブルー
黄色と青はミナ ペルホネンを象徴する色。黄色はブランドの家紋でもある蝶の色。青は霧でもやがかかったようなグレーを帯びた青や、深い青。それらの色は、オリジナルのタータン（118ページ）にもつながっていく。

二〇〇二－二〇〇三 秋冬
「タンバリン」

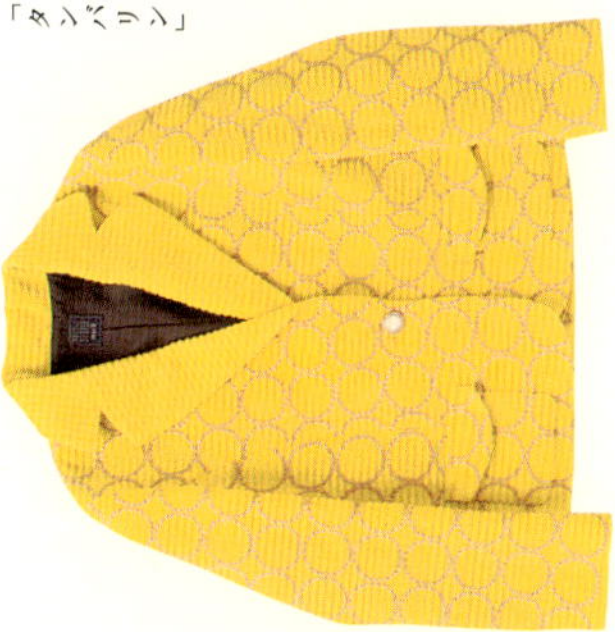

二〇〇三－二〇〇四 秋冬
「カメリア」

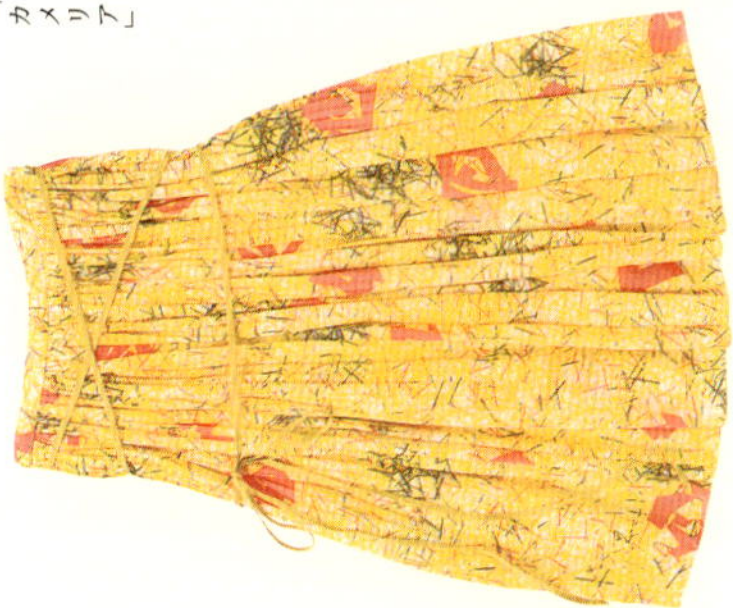

二〇〇二－二〇〇三 秋冬
「セイル」

二〇〇二－二〇〇三 秋冬
「ミスト」

二〇〇二 春夏
「タンポポ」

二〇〇一 春夏
「バブル」
ブローチ

←

二〇〇二－二〇〇三 秋冬
「マルチストライプ」の
「エッグバッグ」

二〇〇一—二〇〇二 秋冬
「ポンポン」コサージュ

二〇〇三—二〇〇四 秋冬
「カーニバル」

二〇〇一 春夏
「レイク」の
「エッグクッション」

二〇〇二 春夏
「サカナ」バッグ

二〇〇二—二〇〇三 秋冬
「ウィンターバード」

二〇〇二—二〇〇三 秋冬
「ヨアケ」

二〇〇一—二〇〇二 秋冬
「ルーフ」

テキスタイルの素案となるドローイング。青山スパイラル・ガーデンにて行なわれた「粒子」展より。写真・三東サイ

ミナ ペルホネンのストライプ

ミナのテキスタイルに繰り返し出てくるストライプ。特にマルチカラードストライプは、その時々のミナらしさが表現されている。すべて大原英雄織物工場にて製作。

一九九八―一九九九 秋冬「フラワーガーデン」

二〇〇〇―二〇〇一 秋冬「マルチストライプ」

一九九九 春夏「シャボンダマ」

二〇〇一 春夏「マルチストライプ」

二〇〇〇 春夏「マルチストライプ」

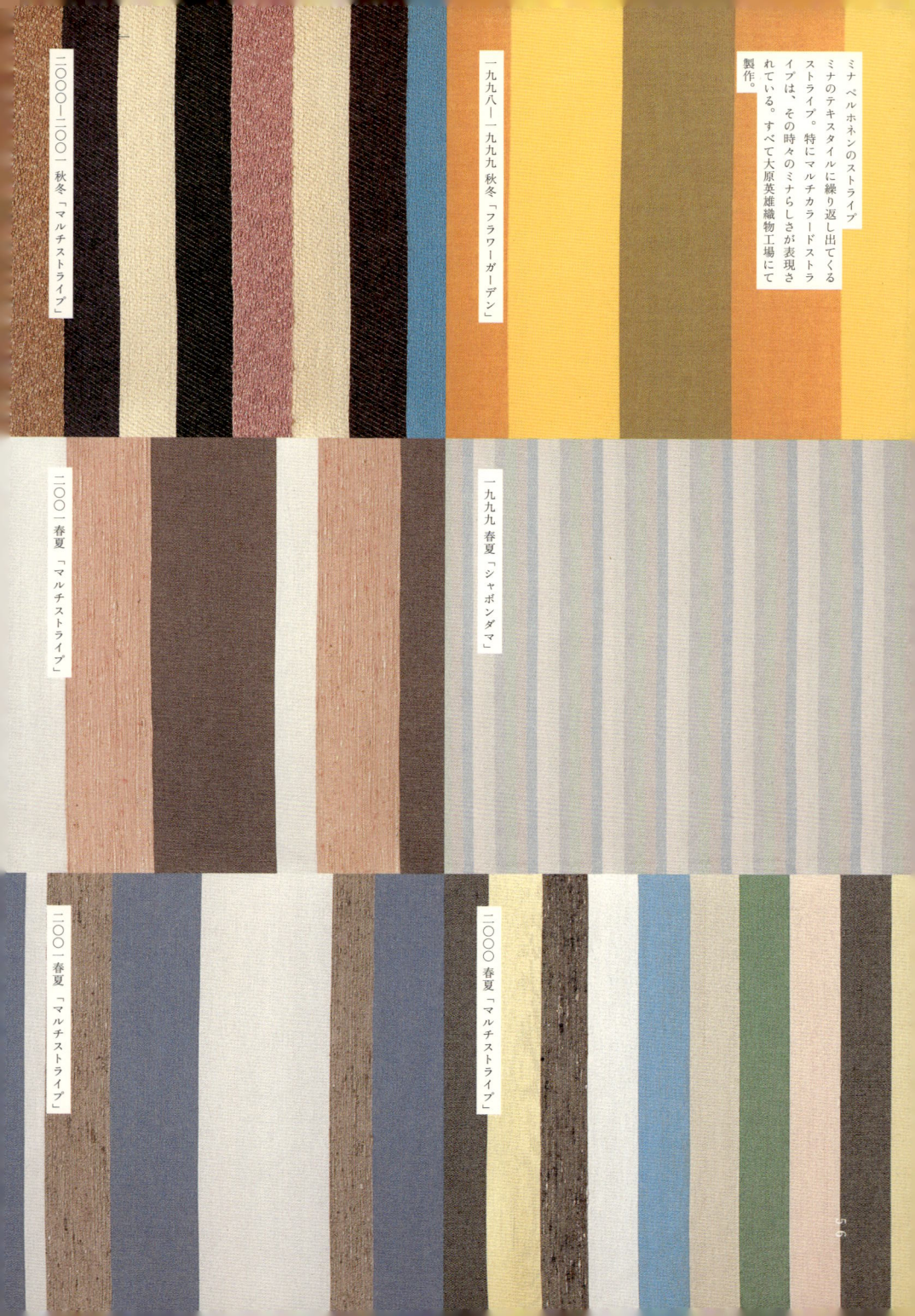

二〇〇一 春夏「マルチストライプ」

二〇〇一 春夏「マルチストライプ」

二〇〇二—二〇〇三 秋冬「マルチストライプ」

二〇〇一—二〇〇二 秋冬「マルチストライプ」

二〇〇三 春夏「マルチストライプ」

二〇〇二—二〇〇三 秋冬「マルチストライプ」

二〇〇三—二〇〇四 秋冬「マルチストライプ」

▼〝ものづくり〟を問う「粒子」展

旅先で訪れる国立美術館では過去の美術、工芸品を数多く見ることができる。見ていると、それらに込められた時間に圧倒させられてしまう。その中で好きな作品をスケッチしていると、作者のスタイルが強く、そしてぶれることなくあることに気づく。時間とスタイルを含んだものたちは有機的で生命力を持っているから、どんな時代にあっても魅力を失わずにいられるんだと思う。そういうものに触れられる時間が、旅の中で僕がいちばん好きな時間。

日本の自分の周りにある物作りの環境の中でも、常に感じることがある。それは機械の進化の過程で、逆に退化してしまっている技術や技法が本当に多いということだ。この何年かで随分とそれまでの技法は簡略化され、スピード化してきた。以前より生産性は向上し、安価に物が作れるようになったけれど、同じように消費するスピードも速くなってしまった気がする。それは生産性の向上が、私たちの欲しいデザインを生むことにつながらなかったからだろうか？　デザインにもスタイルを形にするための絶対的な時間が、当然必要なのではないだろうか。

ミナの「粒子」展（東京・青山スパイラル・ガーデンにて、二〇〇二年四月二三日から五月六日まで開催された）を見るうえで、そういう時間を想像してみてほしいと思う。形を作るための時間と、形を想像するための時間が、そこにあることに気づくだろう。

二つの時間をどれだけ濃いものにするかがデザインという仕事だと思う。ミナにおいてそれは一人のクリエーションではなく、多くの人の考えがリレーされてできるもの。

僕はそれがとても大切だと思う。

きりんをイメージしたオリジナルのいす「ジラフ」。まだブランドを立ち上げる前に考えてスケッチしていたものを形にした。テキスタイルはもちろんミナのもの。写真・三東サイ

「ジェリービーンズ」のシャツと「マドモアゼル」のジャケットの組合せ。スタイリング・大森伃佑子、写真・菊地敦己

過去から今までの服をミックスコーディネイトしたスタイルを展示。ボディの下のオブジェと、天井に映し出された丸い光の輪は「ソーダウォーター」とネーミングされたテキスタイル（75ページ参照）がイメージソース。スタイリング・大森伃佑子、写真・菊地敦己

▼育てるジーンズ

先日、ストックホルムのナショナルミュージアムで二〇世紀の北欧デザインというエキシビションを見てきた。そこにあるインテリア、ジュエリー、ファブリックを見ていると、物を見ているというよりは生き物と目を合わせている感覚があった。そのどれもが永い時間をかけて、たった一言を言っているような、芯を持った力強さにあふれていた。

ジーンズにとりかかるとき「時間に作ってもらおう」と思ったのは、そんな感覚を表現したかったからだ。ウィスキーやワインも、いい材料と長い時間が作り上げるものである。そんなふうにジーンズを作りたかった。新しいうちはデザインを意識していない物作りを感じさせるようなバランスを持ち、はき続けて時間がたっていくうちに、最終的にはデザインされたものという枠から解放される。まるで植物の形のような、自然の力から生まれたように。

デザインに入ると、ジーンズの持つポジ

ションというものに改めて気づいた。それを無視して、新しく構築していくのも一つの方法だけれど、そのポジションの中に僕はデザインを込めることにした。そしてそれを形にしはじめると、一つ一つのディテールを、モビールのバランスをとるようにデザインすることが楽しかった。

　ミナは二〇〇二―二〇〇三秋冬からバックナンバーの柄を作り直すことも始めた。それは自分たちの中に蓄積されたデザインを常に自分たちのクリエーションのテーブル上にのせておきたいからだ。そしてデザインが時間の流れとともにあるのではなく、デザインの上を時間が流れていくようにしたいと思う。ジーンズやバックナンバーの柄を復刻するということは、そういう思いからも生まれている。

　まだ始まったばかりで未知の部分を多く含んでいるけれど、自分だけでは作れない、時間や着る人によって作られるデザイン。そうやって物と人がかかわっていくことで服の存在感が変わること。それに思いをはせることは、とても楽しいことの一つだ。

スタッフが着て、いい感じにくたびれたジーンズ。ひざ部分の裏面に縫いつけられた四角い布は補強を兼ねたデザインだが、いつか破れたら、その下から文字が現われる。写真・三東サイ

◎ 想像する楽しみ

Imagination

▼四つ葉のクローバー

四つ葉のクローバーが幸せのシンボルだと思った最初の人はどんな人だろう。僕が訪れた国はそんなに多いわけではないけれど、どの国でもクローバーが咲いていたと思う。どこにでもあって、探せば見つかるなんて〝幸せのシンボル〟としてとてもふさわしい。

旅をしているとき、ふと立ち寄ったアンティークショップで思いがけず気に入ったものが見つかったり、本屋で何気なく開いたページに、すごくすてきな絵が載っていたりとか、そんな幸せは、四つ葉のクローバーの見つけ方と少し似ている。

四つ葉のクローバーを探すとき、不思議な直感が働くことがある。ぱっと見ると普通の三枚の葉に見えたのに、何かを感じてつまんでみると、隠れていた最後の一枚が顔を出す。僕がいちばん好きな見つけ方だ。そして、他人と違う自分の個性に気づいたとき、四番めの葉は、その人の中にも存在するような気がする。

写真・實岡悦子

表と裏で柄が違う、贅沢な革のバッグ。クローバーはハンドステッチで縫われている。中に綿を詰めてあるので、ふっくらとした立体感を持つ。

ミナの小物にはクローバーが時おり顔を出す。小物のデザインを担当する長江青だけでなく、スタッフみんなのクローバー好きが反映していると思う。ともかく四つ葉のクローバーは永遠に好きなモチーフの一つ。写真・藤井勝己（B・P・B・）

▼今までに出会った好きなデザイン

ふと目がとまる形の中には必ず作った人を想像させるものがある。その人の美意識や形への気持ちが透けて見えてきて、ますますそのものへの好奇心や愛情がわいてくる。僕はそういうものに出会えたときにとても喜びを感じる。旅に出るとその国の人たちにはあたりまえで、無意識の存在になっているデザインの一つ一つに興味がわいてくる。普段の日用品で使われているものには、その国独特の視点や色彩感覚が感じられておもしろい。特に切符やコイン、郵便局の封筒、文房具から感じることが多い。

旅で見つけて持ち帰ったものたちが家や仕事場に増えてくると、そこから自分の物選びの視点が見えてきた。僕が好きになってしまう形は、作り手の気持ちや造形感覚がすごく無垢に出ているものだ。

それはシンプルというものとは違う。むしろ形それ自体はあくが強かったり、ユーモアに富んでいたり。あるいは長い年月をかけて高い技術で作られていたり、鼻歌まじりに作られていたり（僕の想像！）。本当にさまざまなものなのだけれど、物が発している空気感がとてもストレートに伝わってくるという点で、共通している。

そういうものができ上がるには、作る人にとってもタイミングが必要だと思う。僕はデザインについて考えるということが、仕事というよりは呼吸に似た状態になっている。そんな中でいい空気を感じて深呼吸するようなタイミングが突然やってくる。

一瞬ひらめくというのは僕にとってそんな感じで、いつそのタイミングがくるのかはわからない。その時、ぼんやりと何本にもぶれていた線にピントが合って、一本に見えてくる。そうやって生まれたものは強い生命力を残していると思う。

と同時に、作り手に大きな喜びを与えてくれる。作り手に喜びのないものはやっぱり魅力がない。そういう気持ちのない、情報からでき上がってしまったものやオリジナルを複製したようなものは、なんだか寂しそうに見えてくる。

人が作ったものが単なる物質ではなく〝大切なもの〟になるためにデザイナーの仕事があるように思う。

皆川コレクション＆ミナペルホネン

ロンドンで見つけたビーズ人形はいつもショップのどこかにいる。南アフリカで作られたもので、無垢な気持ちが伝わってくる。どこかミナの色彩に通じるものがある。下のテキスタイルは「パーティ」。

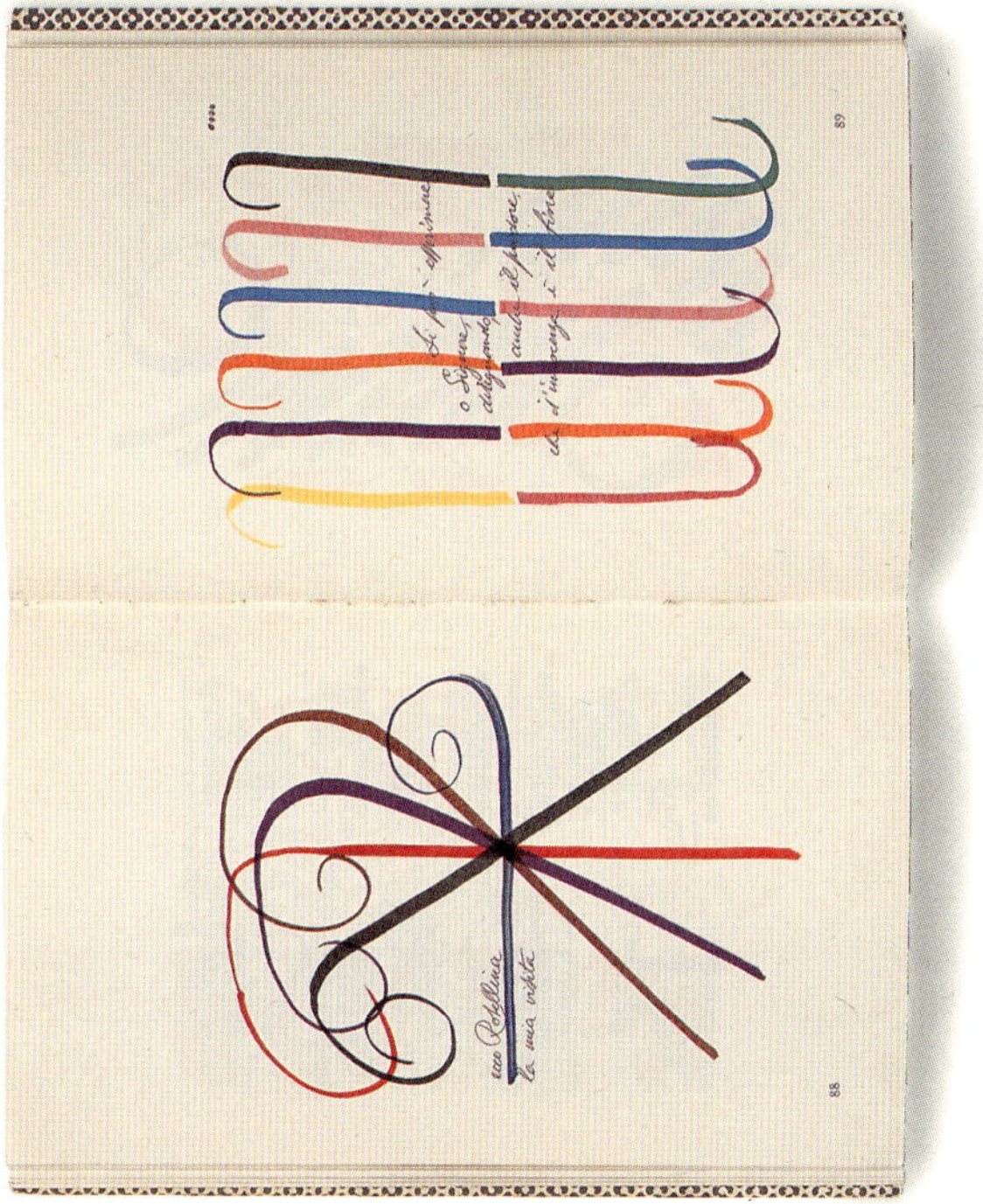

建築家ジオ・ポンティの絵手紙をまとめたもの。絵から音楽が流れてきそう。鼻歌まじりに即興でピアノを弾くような、自由な心にしてくれる。物を作るとき、こんな気分になっていると、いい物ができる。

皆川コレクション＆ミナ ペルホネン
パリのマレ地区で見つけた魚の水鉄砲。ピストルの形より、よっぽど愛嬌があって、水↓魚というストレートな発想も好き。下の「マーメイド」はエンブロイダリーレースで描かれたうろこ柄。

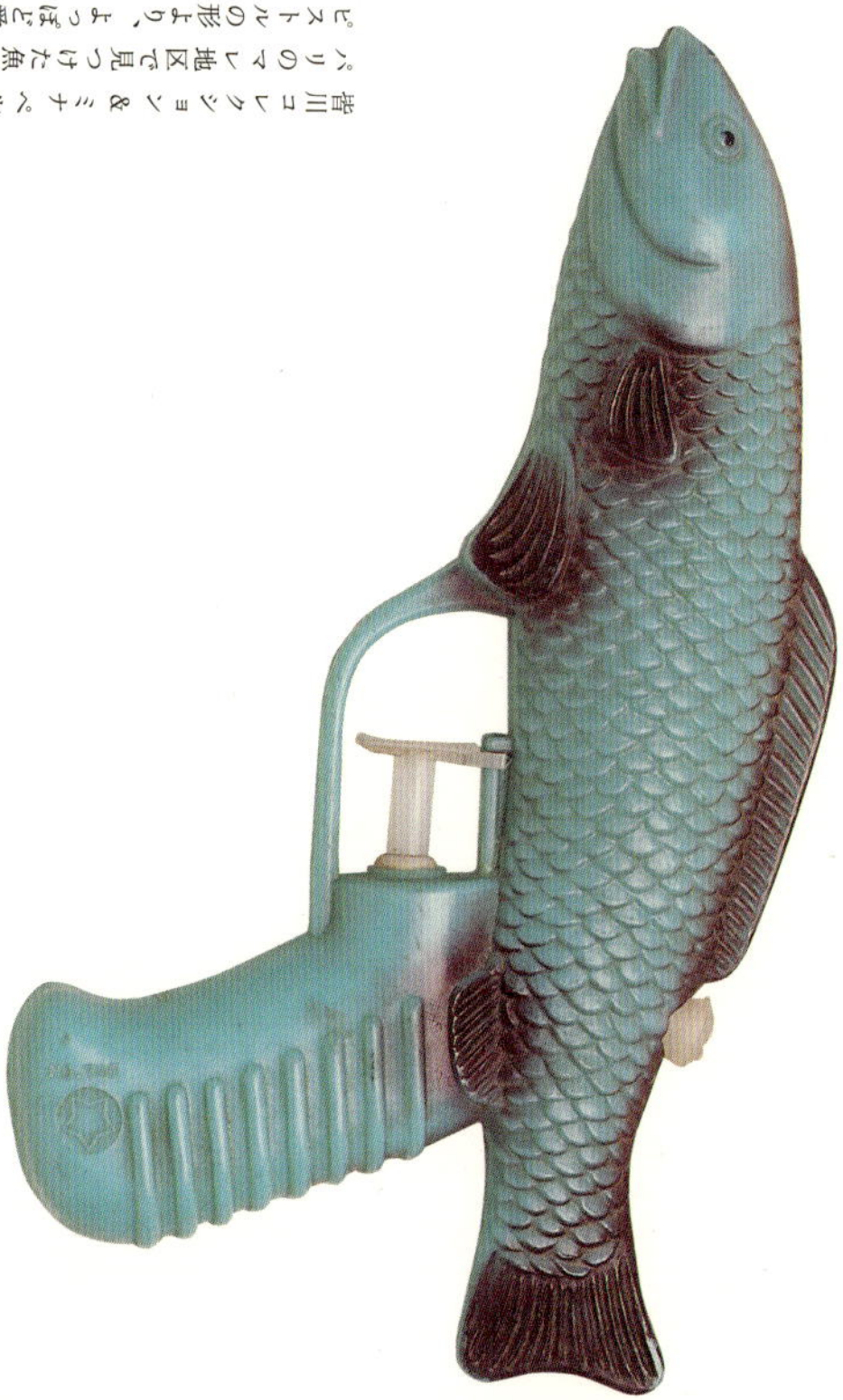

←

「ソーダウォーター」は、ソーダ水の中ではじける泡をイメージしたテキスタイル。光沢と張りのある素材感を生かしてショート丈のジャケットに。

皆川コレクション＆ミナペルホネン
蛙のぬいぐるみ。昭和初期の日本のもの。
蛙の肉感を正確に表現していて、大切に
作られている。下は「タンバリン」。楽
器のタンバリンがイメージモチーフ。こ
の柄も整いすぎていない円が決め手。

水牛の角を素材としたブローチ。奈良の職人が丹念な手作業で作る。一日に一〇個ぐらいしか作れない貴重なもの。

皆川コレクション＆ミナペルホネン
アルネ・ヤコブセンがコペンハーゲンの
SASロイヤルホテルのレストランチェ
アとしてデザインしたジラフチェア。脚
のデザインが美しい。すっぽりと体が納
まり、座り心地も抜群。

右ページのいすの色や素材感のイメージをミナのテキスタイルの中で探すと、こんな感じ？　右上「モリノウミ」、右下「グラスランド」、左上「ヘリングボーン」、左下「ランダムチェック」。

皆川コレクション
大好きな北欧のデザイナー、リサ・ラーソン（Lisa Larson）の鳩のオブジェ。足と尾の三点で腰かけているようなスタイルがなんともいい。動物特有の体の丸みをうまく引き出している。写真・三東サイ

←

いつの間にか集まったリサ・ラーソンの作品の数々。シンプルで大胆な中にも、繊細な部分が見え隠れする。彼女の作品の動物はどれも表情が豊か。

▼自然につながるモチーフ

北欧への旅を重ねるうちに、好きな作家に出会うようになった。中でもリサ・ラーソンの作品はアンティークショップのどんなに混雑したディスプレイの中からも僕の目に飛び込んでくる。彼女の作品はいくつかの独得な花や円形のモチーフが型押しされ、鳥や木々を表現しているものが多い。それらはまるで深い森や湖にカムフラージュされ、何百年もその森に暮らしている魔法の鳥のように見えてくる。そしてそこにいるものたちは、極彩色と深い層にある色を与えられ、土の素朴な質感の中に同居していた。それはまさに森の中の神秘を感じさせてくれる。普段はレリーフのような作品が多い彼女だけれど、何回めかの旅では鳩やうさぎの立体作品に出会うことができた。

彼女の作品以外でも、北欧のクラフトの中には生き物のモチーフが多いことに気づく。それらは写実的というよりは少し誇張されていたり、ユーモラスな表情を持っているものが多く、とても感情が豊かだ。と同時にそのものたちと気持ちが通じるような気になるから不思議だ。またそれは、ガラスや陶器のように時間とともに味わいが出てくる物質でできていて、日々、深みと生命力が増してきているのがわかる。

　最近では日常生活において、自然と共存しながら生きるということが少なくなってきているけれど、それを望む潜在意識が人には残っていて、簡単にはなくならないのだ。さまざまなデザインに、生き物や植物のモチーフが多く用いられるのは、人が自然と共にありたいという気持ちの表われなのではないだろうか。それらを生活に取り入れることで安心感とゆとりのバランスを保っているのだと思う。

　北欧の作家にいちばん共感が持てるのは、そんな魅力を持っているからだ。

ミナの物作りの歴史に欠かせない存在の「鳥バッグ」。そのシーズンのイメージを表現するのにふさわしい色を選び、表面の装飾も毎回少しずつ変化している。ミナの布にくるまれた卵が三つ、バッグの中に入って一緒についてくる。

ミナはボタンもオリジナルのものを作っている。水牛でできたこのボタンは、蜂の巣がモチーフのテキスタイル「ハニカム」に合わせて作った。小さな蜂つき。
写真・藤井勝己（B.P.B.）

▼本と向き合う時間

本を読み終わると夢から覚めたような気分になる。そんなときは、現実の景色に戸惑うほど、本の世界に自分が入り込んでしまっている。時間がたってその本を読み返すと、そのころの自分のことを思い出す。家の本棚にある本の一冊一冊からは、僕にしか見えない記憶の映像が、日記のように浮かんでくる。本を買った書店の景色、読んでいたころの自分の生活スタイル、読み終わったときの気持ちが、少し郷愁を足して思い出されてくる。ただ、それは不思議なことに、その一冊を読んだ時間だけが目に浮かんだり、感情が戻ってくる。本一冊ごとに僕の時間の含まれ方が違っているのだと思う。

僕は写真集や画集もとても好きでつい買ってしまうけれど、その場合は小説などと違って、装丁や色づかいや書体といった、物としての〝本〟にひかれて、ということが多い。

チェコへ旅行したときも、古本屋で装

丁の美しい本を何冊か見つけた。書いてある言葉は見当がつかないけれど、装丁の表情や挿絵の美しさを見るだけで、作家や、その本にかかわったいろいろな人を想像させられて楽しい。改めて本が中身だけでなく、本の存在そのもので訴えているなと感じさせる。

京都の一乗寺にある恵文社は、僕が好きな書店の一つ。京都方面に仕事で行ったときに、そこに寄るのが楽しみの一つになっている。本のセレクトショップだけあって、そこには絵本や画集や詩集といった幅広いジャンルの本がそろっている。でも、その本たちは明らかにショップスタッフのフィルターにかけられて、通り抜けてきたと感じさせる一体感を持って並んでいる。そこからさらに自分のフィルターにかけてみる。選び出した本からは、今の自分の興味が見えてくる。

本と向き合う一人の時間は、形を生み出すときの想像力とは違う、空想の世界を僕に与えてくれる、とても大切な時間になっている。

白金台のショップに入って右手にある本棚のスペース。ずっと好きな本や雑誌、その時々に気になるものを並べている。ショップに来たら、ぜひ眺めていってほしい。写真・三東サイ

最近出会った大切な写真集、画集、絵本など。内容はもちろん大切だが、装丁やレイアウト、紙質といった、本の作りそのものも、選ぶときの大切な基準になっていると思う。

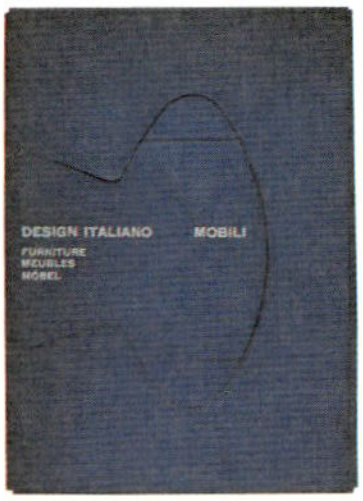

▼お菓子とパッケージと服の関係

甘いお菓子。その響きは幼少のころから体験した、たくさんの味を思い起こさせてくれる。と同時に、その菓子箱が家のどこにしまってあったか、そのころの自分がどんな子供だったかを回想してしまう。

すうっと手を伸ばして、箱の中を何度も指が旋回して、やっと決心してつかんだ一つ。それが少しでも口の中で長くとどまるように、ほっぺの片方に寝かせてみたり、味わっている間は箱に描かれた図案を観察する。そしていつの間にか、その図案の世界に引き込まれて、小さな模様の一つ一つまで目でなぞって遊んでいた。

お菓子のパッケージからは、そのお店が伝えたいことや、創業当時のデザイン様式、お菓子の由来などが垣間見えてくる。パッケージは、お菓子を作る人の味への自信と余裕を含んで、凛とした空気すら発しているように感じられる。

お菓子とパッケージの関係は、人とその人が着る服の関係に少し似ている。別々な場所にあると、それぞれの個性にしか気づかないけれど、一緒になるとその存在感が溶け合う。そして時がたつにつれて、それはスタイルとして落ち着いていくのだろう。

なぜか最近は、着込まれて人となじんでいる服を街で見かけなくなってしまった。服に限らずいろいろなものが、目先だけのピンポイントの目的のために消費されていくのがあたりまえになって、作られ方も当然それ用になってしまい、物の魅力がどんどん薄らいでいる気がする。それはしかたがないといってしまうには、あまりにも寂しすぎないだろうか。何かが違うし、なぜそうなってしまったかは、もう充分にわかっているのでは？

僕は用途を超えた物の存在感を大切にしている。だから菓子箱にも、中身のお菓子の味や形、作り手のこだわりやスタイルを期待してしまうのかもしれない。

「海のこと」と題した立体絵本を作ってみた。「マーメイド」の生地を何層にも重ねた上に、「パシフィック」から切り取った魚モチーフとピンブローチ、本物の貝殻をちりばめたもの。一枚ずつめくって海の中にもぐっていくようなイメージの、深い海の絵本を作りたかった。写真・三東サイ

Collaboration

◎人との出会い

▼テーブルの上のミナ　堀井和子さん×ミナ

北欧は空気感がなんとなく肌に合って、何度となく訪れている。僕はデザインから作った人が想像できるものが好きで、そう感じられるものが北欧のデザインに多いからかもしれない。同じ思いを料理やテーブルウェアの分野で感じるのが、堀井さんだった。

初めてお会いしたのはミナのショップのオープニングパーティの日で、とても透明感のある人というのが印象だった。後日お宅に伺って布のコレクションや食器を見せていただきながら聞く話は、堀井さんのその物たちへの愛情がたっぷりしみ込んでいて、それを見つけたときの情景までが温度を持って伝わってきた。

僕が初めてフィンランドへ行ったのは二〇歳の学生の時だった。日本で見たマリメッコの布の色のあまりの美しさに、もっと見てみたいと思い訪れたフィンランドは真冬の二月で、今まで体験したことのない寒さだった。そんな街の中にあるマリメッコの店は、大胆な色づかいとシンプルなモチーフがあふれていて、街中の光がそこに集まっているかのように感じられた。

堀井さんは僕の知っているより前のマリメッコも北欧も知っていて、そして大事に持っている。堀井さんのフィルターにかけられて集められた布たちは一つの統一感を持って、いくつもの箱に収められていた。北欧らしい茶と白のコントラストの強いストライプの布は、強い主張と甘さを持っていて、とてもいい顔をしている。その布は一九七〇年代にマリメッコのテキスタイルデザイナーが描いたもの。フィンランドで、僕がまだ子供のころに生まれたその布を、今、堀井さんのお宅で見せてもらっている。頭の中でその時間と場所を追っていくと、不思議な気分になってきた。

　生き物にはだいたい決まった寿命があるけれど、物やデザインは作った人の感性や技術と、持っている人の愛着で命の長さを吹き込まれるようだ。自分の作る服が何十年も誰かの手もとに残って、ある日にちゃんと着てもらえるなら、本当に幸せだと思う。

　料理もやっぱり作る人が表われるんだろう。いつもやわらかい光が当たっていそうな堀井さんの料理をいただきながら、そう思った。

　堀井さんのテーブルウェアと料理のためにミナのテーブルクロスとランチョンマットを作ってみた。服の時とは少し違う表情に見えるミナの布がとても新鮮だ。たくさんの布を見せてもらった後に、自分が描いたファブリックに目をやると、なんだか子供のように思える。ミナの布はいちばん最初に作られたものでさえ、まだ七年しかたっていない。何十年かたって、誰かの大事なものになっていないか、先回りして見たいような気になってきた。

「フライングバード」はミナではスカートに仕立てられたテキスタイル。小さな世界に広がる物語を眺めながらとる朝食は、赤をアクセントに。シンプルなプティパンで北欧をイメージした、素朴な朝食。

写真・秋枝俊彦

「フォレスト」で作ったテーブルクロスには、縁がゴールドのお皿がぴったり。堀井さんのシナモントーストスティックに蜂蜜を添えて。写真・秋枝俊彦

堀井さんのお料理とテーブルセッティングで、ごちそうになった昼食。テキスタイルの話、旅の話、パンの話……楽しくて贅沢な時間だった。写真・秋枝俊彦

▼ミナの今を伝えるグラフィック

菊地敦己さん×ミナ

ミナはいくつかの理由でショー形式によるコレクション発表をしていない。一番の理由は服の細かいディテールや素材感がうまく伝わりそうにないからだ。その代わりシーズンごとに、グラフィックデザインをインビテーションカードやポスターにして、そこでミナの感じる〝今〟を形にしている。

それを具体化してくれるのが菊地敦己氏だ。彼とはミナが始まってすぐに出会って、以来、ずっとミナのグラフィックデザインをお願いしている。シーズンごとに服のイメージや素材のモチーフを見ながらデザインの方向を話し合うのだけれど、最近ではとても簡単な会話で済ませてしまう。それは僕の中で彼のデザインへの信頼と期待が、とても深まってきているから。僕の少ない言葉から彼のフィルターを通って生まれてくる作品を、待つ楽しみを覚えてしまったといってもいいかもしれない。服作りとは違う分野で活躍する人たちとのコラボレーションは、僕に新しい考え方を感じさせてくれる貴重な体験になっている。

展示会のインビテーションカードとは別に、作ってみたカードがある。フランス人で日本在住のアーティスト、マチュー・マンシュとのコラボレーションから生まれたもので、この体験は本当に楽しかった。彼の作品は異質さとユーモアを持っていて、人の心をくすぐり揺さぶってくる。この作品では、現在のアートとファッションが交差し、それぞれが入り口になることの小さな実験だったように思える。

ポスターやカードなどは、とてもささやかなメッセージだけれど、これからも続けていきたい。続けることは変わっていくことを含んでいると思う。だとしたら、ずっと続けていくうちに、変化していくミナの足跡が残りそうでうれしい。

今までに作ったインビテーションカードやカタログ、ノベルティのコースターなど。写真・三東サイ

ポストカード三点。見慣れた景色とマチュー・マンシュの作品をつけた女の子たちのミスマッチが、さまざまな境界線をユーモアを持って消していくような気がする。ファッションとアートの両方が入り口になることを実験したかった。写真・小山寛成

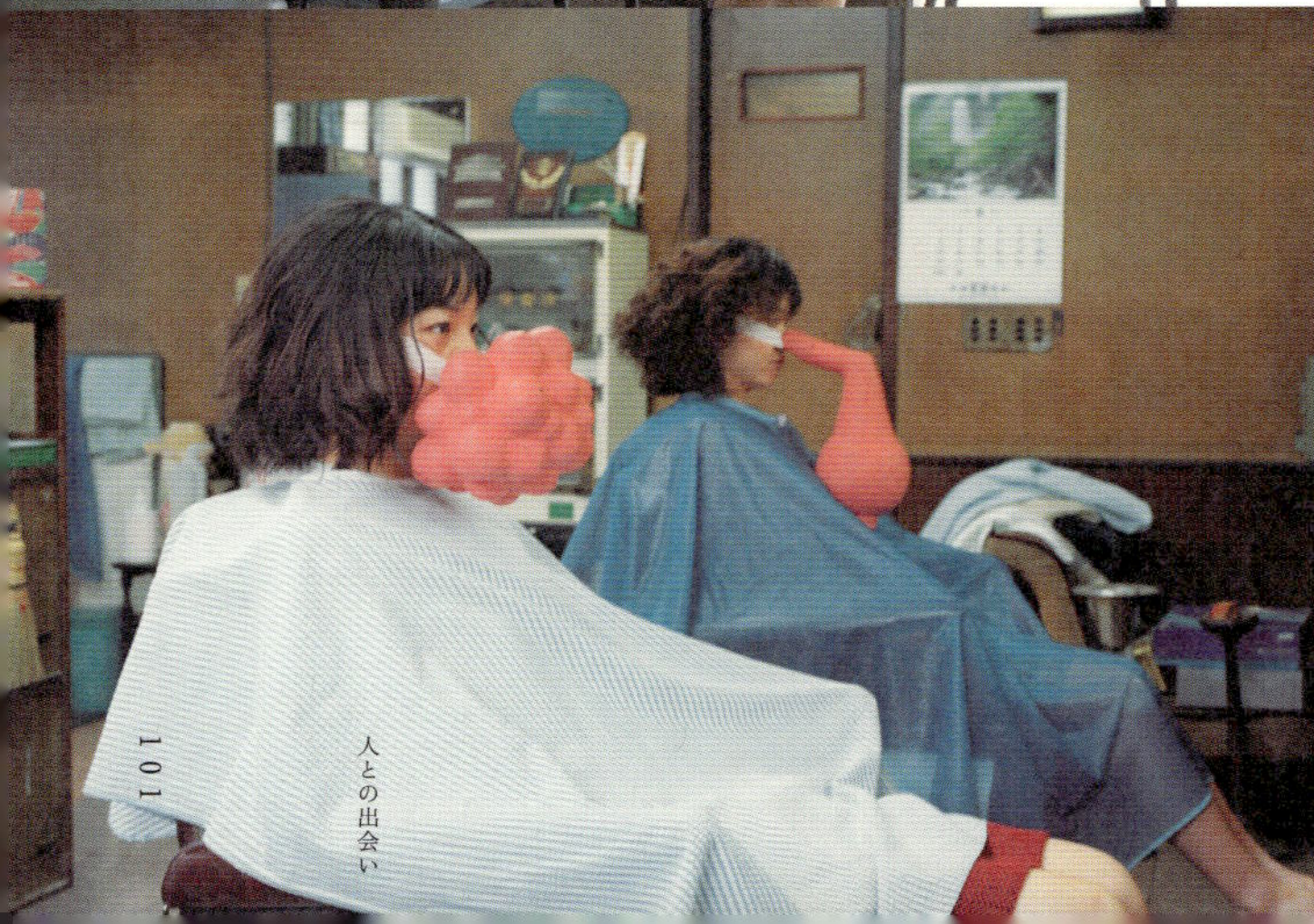

▼パズルのような靴作り　ポー×ミナ

ポー（POE）のデザイナーの柳典子さんと出会ったのは、あるショップのオープニングパーティの時だった。ポーの靴には独得のスタイルが感じられて以前から好きだったので、声をかけてもらったときはうれしかったのをよく覚えている。作っているものを通して共感することは、物作りから得られる喜びの一つだと思う。その喜びは励みになるし、次を生み出す前の緊張にもなる。そんなふうにしてポーとミナの共同プロダクトがスタートした。

打合せの時の柳さんは、靴に対してのイメージを大切な宝物の話をするようにしてくれる。ミナの布が頭の中ですっかり靴の形で想像できてしまうほど、柳さんの言葉は膨らんでいく。ある日サンプルが届いて、薄紙からのぞいたその靴は小気味よい存在感を放っていて、少し笑っているようだった。それは確かにポーでありミナの靴だと感じることができた。

現在、ポーとミナで靴を作りはじめて数

シーズンが過ぎた。毎シーズン、柳さんの発表するデザインの中からいくつかを選んで、ミナの布を使った靴を作っている。それはお互いが出会って、全く新しいものを作るということではなくて、単純に1＋1＝2をしているに等しい。でもそれが僕には大切なことだと思える。

お互いの要素は消えることがなくて一つの形になっていくということに魅力を感じているからだ。そして僕と柳さんのデザインのしかたは似ていない。というより対照的だと思う。柳さんのデザインのしかたは、ある時代の作家やアートの気分を柳さんが強く感じて自分の記憶とリンクさせながら靴というデザインに表現しているような気がする。僕の場合はデザイン自体にストーリーや僕の視点を表現していて、現実の世界は入ってこない。デザインの表現や発想の違う二人がそれぞれ出したものから、パズルのように組み合わせて作る靴。そこがポーとミナにしか生み出すことができない靴になる、大切なやり方なのだと思う。

つま先に「チョウチョ」の刺繍をした、紺のレザーのサンダル。ボーとミナのコラボレーション作品。手前のピンブローチはラ・フルール（la fleur）というアクセサリーブランドのデザイナー、岡野奈尾美さんとのコラボレーション。写真・藤井勝己（B.P.B.）

靴はポーとのコラボレーションを重ねつつ、最近ではオリジナルにも力を入れている。上段右から「エンジェル」のフラットシューズ、中敷が「バース」のシルバーのひも靴、雨の日対応のビニール加工を施した「ジェリービーンズ」のフラットシューズ、ミナ オリジナルの革靴。中段右から中敷きが「ジェリービーンズ」の革靴、エナメルブーツの内側は「フラワードロップス」、「エンジェル」のフラットシューズ、中敷が「バース」のピンクエナメルのひも靴。下段右からミナ オリジナルのデニム素材の靴、最新作の「マルチストライプ」のサンダル、「ソーダウォーター」サンダル、ミナ オリジナルの革靴。写真・三東サイ

▼ウェスタンブーツ　スタリオン×ミナ

ある日、伊勢丹のバイヤーの三根弘毅さんから、ミナのウェスタンブーツを作りませんかと誘われた。その時見せてもらった何種類かのブーツの写真は、さまざまにカットされたモチーフがパッチワークされたり、はめ込まれたりしていて、今までイメージしていたものとは違っていた。フォルムは確かにウェスタンブーツの様式を保っていたが、その中に甘さが感じられた。それはスタリオン（Stallion）というウェスタンブーツメーカーのもので、多くのデザイナーのものを作っているとのことだった。

その時まで僕はウェスタンブーツを作ってみようと思ったことがなかったので、デザインのイメージは全く白紙からスタートした。そのことがとても新鮮で自由なアプローチができそうな予感を感じさせてくれた。ウェスタンブーツの中のパーツ配置や基本的なカッティングにはとても興味があったので、それが残るようにした。

そしてそれぞれのパーツとモチーフの色や質感が一つのイメージを表わせるようにスケッチを始めた。自分の描くモチーフを会ったことのない職人たちがどんな解釈をして作っていくのか楽しみだった。デザインのポイントに片方の足だけに羽が動くように蝶をとめつけた。

「チョウチョ」「タンポポ」といったモチーフがデザインに組み込まれている。右甲についた立体の「チョウチョ」も見逃さずに。下は黄色いスケッチブックに描かれた、ウェスタンブーツのデザイン画。上の写真・三東サイ

▼日常の中の毛皮　タカモト×ミナ

タカモトは僕が二〇歳の時、初めて働いたメーカーで、主にオーダーによって毛皮や服を作っている。そのころは文化服装学院の夜間部の学生だったので、学校に通いながら昼間はパターンの仕事をさせてもらっていた。正直なところ、振り返ればとても未熟な技術や考え方だったと思う。その中でも佐野亜蘭さんには、パターンへの考え方を、人の体の動きや仕組みを通していろいろな視点で教わり、今の自分の基礎を作ってもらった。たとえばミンクの刈り毛のマフラー（二〇〇二－二〇〇三秋冬）は、十数種類の色に染められた皮をランダムにパッチワークしている。その長い綿毛のビロードのような肌ざわりは布ではとても表現できない質感だ。二〇歳のころ、毛皮を日常の服と合わせるにはどんなものを作ればいいんだろうと考えていたことが、ミナのデザインで発表できるのはとても感慨深いことだった。コラボレーションという共同プロダクトはデザインの世界を広げるツールだと思う。その中にデザイナーたちの喜びがたくさん詰まっているのを感じ取れれば、物の見方も変わるかもしれない。

ミンクのマフラー。このデザインを皮切りに、少しずつ変化している。セーターの下からのぞくベルトは、コク（coqe）というブランドとのコラボレーションから生まれた。写真・藤井勝己（B.P.B.）

▼時代と呼応する着物　大森伃佑子さん × ミナ

スタイリストの大森さんが僕たちの布を着物で表現してくれた。それは今までに見たことがない組合せや、洋服とは違う布の使い方がされている。そしてそれは着物にふさわしい柄出しだったので、着物のためにデザインしたかのように見えて、改めて大森さんの、新しさの中にも軸がぶれないバランス感覚に驚かされる。

本来、着物は日本の伝統的な衣服として長い間着続けられているが、それぞれの地域や時代、身分などさまざまな条件のもとでスタイルや技法が生み出されてきた。その変化に富んだ表現方法と時代への順応性が、着物文化として大切なことだと思う。

今は着物を着るということが日常的ではなくなりつつあるけれど、逆に特別な衣服としての存在感は強くなってきていると思う。そしてそれは昔ほど様式に縛られたものではなく、自分たちの環境、スタイルに合わせた表現になってきていると思う。

大森さんが考えてくれたミナの着物で旅に出たら、とても楽しいだろうと思った。何かすてきな出会いのきっかけになりそうだし、異文化の人にとっても着物への認識が変わりそうだと思った。

ミナのテキスタイルを使って作られた足袋。裏地にも鮮やかなピンクやブルーをつかった大森さんらしい色合せが絶妙。

写真・山本哲也／ヘア&メークアップ・Yoboon（Coccina）／スタイリング・大森伃佑子／着つけ・大久保信子／モデル・東野翠れん

←

Step by step

◎ 旅のかけらを形に

▼マッキントッシュの理念

スコットランドのグラスゴー・スクール・オブ・アートを訪れた日は、まぶしいほどよく晴れていて、建物の中のひんやりとした陰影がよけいに印象的だった。構内は、チャールズ・レニー・マッキントッシュの息吹にあふれていて、どんな些細な空間を切り取ってみても彼の理念が感じられる。彼はこの学校の出身で、母校の設計、家具のデザインすべてを手がけた人物だ。

そんな中で学生たちは自然光がたっぷり入るアトリエを与えられて創作している。一人一人の作品は何ものにも束縛されていない、自分だけに向かっている純粋さがあった。散らかった絵の具のチューブや壁に飛び散ったさまざまな色まで、彼らの作品と同様、躍動感に満ちている。自分にも説明できないような内側から突き動かされるものを作品に表現しているからだろう。もう一つの棟ではテキスタイル科の学生たちが、作品を作っていた。

僕はテキスタイルを学校で学んだ経験がないので、その光景はとても新鮮だった。シルクスクリーンのフロアでは大きな版に挑戦している学生がいた。彼女の作品は、強さのある花柄で、薄手の布に透けるようにプリントしたらきっとおもしろい布になるだろう。別のフロアには手織りの織機がずらっと並んでいて数人の学生が機を織っていた。ミナでも作った〝ほぐし〟のような技法を試していたり、よこ糸を自分で紡いで織っていたりとさまざまだ。布の中に自分のスタイルを表現しようという気持ちが伝わってくるものばかりだ。たて糸によこ糸を一本一本くぐらせて織っている学生たちの姿を見て、改めて〝必要な時間〟を思った。学生たちはここで過ごす数年間で自分の向かう道を見つけると同時に、マッキントッシュのデザイン理念を肌で感じ取っていくのだと思う。それは決してマッキントッシュ・スタイルを受け継ぐのではなく、自分のスタイルを持つことの重要性に気づくことなのだと思う。

グラスゴー・スクール・オブ・アートとマッキントッシュの住宅建築の代表作であるヒルハウスでの写真。左下のソファの背もたれカバーはマッキントッシュの妻でありアーティストだったマーガレット・マクドナルドがデザインしたもの。

写真・富岡秀次 Shu Tomioka

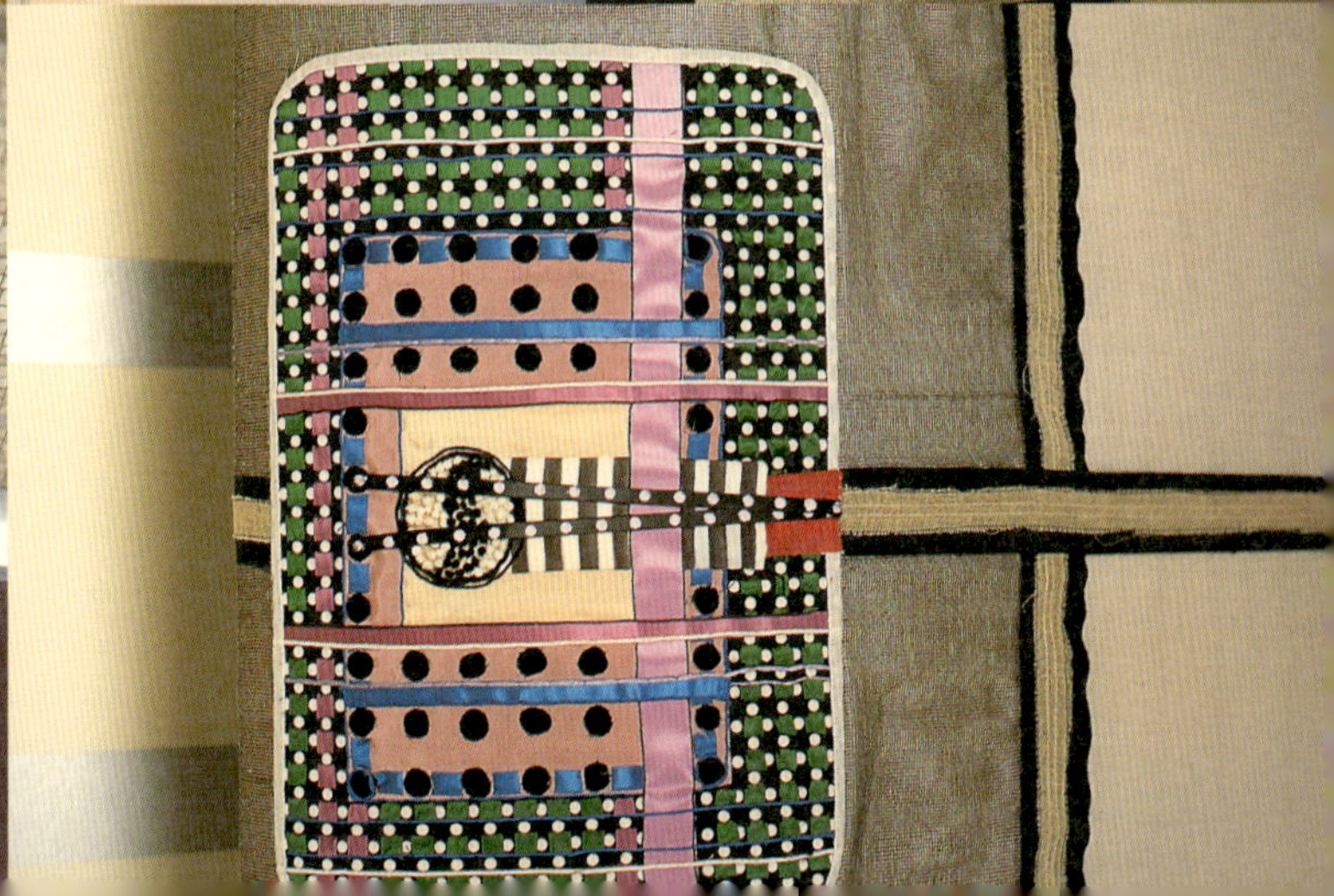

グラスゴー・スクール・オブ・アート。天井からの自然光が入る、吹抜けの展示室にはロンドンのサーチ・ギャラリーの協力による現代アートが展示されていた。
写真・富岡秀次　Shu Tomioka

▶オリジナルのタータン

「ミナ ペルホネン タータン」と名づけた僕たちのタータンが、正式にスコットランド・タータン・オーソリティに登録された。

僕が初めてスコットランドのロキャロン社を訪ねてから、一年半が過ぎていた。ロキャロンは英国王室をはじめ、数百種類のタータンを製造、管理している生地メーカーだ。ガラシールズという町の小さな川が流れるかたわらに、古いれんが造りのいかにも歴史を感じさせる工場が立っている。僕たちのタータンができ上がるまでに僕はこの場所を何度も訪れることになった。そしてそれができ上がるころにはロキャロンのスタッフとは以前からの友人のようになっていた。

僕たちのタータンは全部で五つの色から作られている。それは、大きな空を高く舞う蝶 をイメージして決められた色だった。夜空をイメージしたネイビー、朝方の水色の空、霧のグレーがかった水色、雲の白、そして黄色い蝶。これらの色は、初めに見せてもらった糸の色見本帳からは見つけることはできなかった。結局、僕は彼らの今までに染めてきた、一色につき何百とある染色の履歴の資料を見せてもらい、その中から色をそれぞれ決めていった。

柄のパターンはあらかじめ送っておいたチェックのスケッチをもとに、ロキャロンのデザイナーのドーンさんが一七種類のバリエーションを作ってくれていた。僕はそれを全部並べて何度も選別を繰り返して、少しずつ柄を絞っていった。選ぶときにいちばん大切に考えたことは、その柄がこれから本当に長い時間、僕たちのタータンとして愛着と誇りを持てるかどうかだった。少なくとも登録後五〇年間は僕たちと一緒にいる色と柄を決めるとき、たった今魅力的なだけではだめだと思っていた。家紋の意味を持つタータンだからこそ、着る人にとっても、作る僕たちにとっても、身近で愛着を持ち続けられるものにしたかった。

そういう思いから、最終的に一つを選び出して実際に織ってみた。するとコンピューターでシミュレーションしたように、ほとんどの色は表現されてでき上がってきた。ただ、どうしてもいちばん繊細な霧の色だけが、他の色に埋もれて存在感が消えすぎてしまっていた。展示会までのスケジュールを考えると、もう一度織り直すのは不可能だった。完全ではない色で作ることはタータンでは絶対にしたくなかったので、展示会での発表をあきらめようとしていた。その時、技術責任者のリチャードが、思いもしないアイディアでこの問題を解決してしまった。それは最初に織ったサンプルから霧の色を一本ずつ抜いて、新しい色を人の手でそこにさしていくという方法だった。それは熟練の職人の技術があってこそできるもので、何十年とそこに働くスタッフの力が実現させてくれたアイディアだった。

そのやり直した布は出張先のフィレンツェで受け取った。その時、僕は彼らの情熱を感じると同時に、タータンが皆に愛されていく理由を知った気がする。一度作った柄は自分たちのシンボルとなって代々伝わっていく。だからこそ柄に込めた意味やストーリーを、最後まで大切に作り込んでいかなくてはいけないんだと思った。そしてそれを作るということは、やっぱりロキャロンで働く彼らのような情熱を持った人たちでないと、決してできないことなんだと感じた。

僕はこれからこのタータンを、自分たちの未来と一緒に長く大切にしていきたいと思っている。

上はスコットランド・タータン・オーソリティの登録証。記念すべき二〇〇三年四月二五日、誰もまねることができない、ミナの家紋が生まれた。ミナのタータンは「ミナ ペルホネン タータン」の名前で登録。登録証には証明内容とともに、生地のサンプルがはられている。下は使用した糸のサンプル。

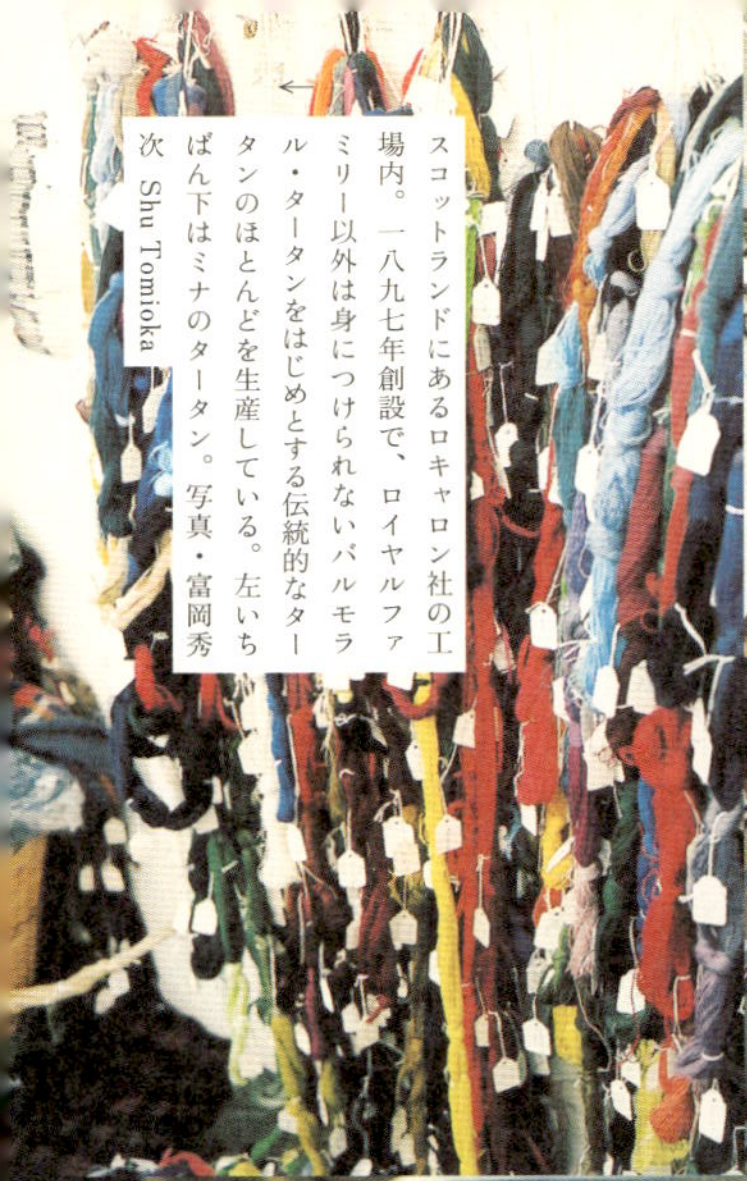

スコットランドにあるロキャロン社の工場内。一八九七年創設で、ロイヤルファミリー以外は身につけられないバルモラル・タータンをはじめとする伝統的なタータンのほとんどを生産している。左いちばん下はミナのタータン。写真・富岡秀次 Shu Tomioka

▼ 世界にはばたくミナ ペルホネン

アルネ・ヤコブセン。彼がもし生きていたなら僕らの布が張られたエッグチェア（以下エッグ）とスワンチェア（以下スワン）を見て、どんなことを思っただろう。そしてもし僕が彼と話ができたとしたら、どんな会話をしただろう。こんなことを空想することさえ、少し前には思いもよらないことだった。

彼のデザインは機能性とフォルムの美しさが合致していると思う。そこが僕にとっての一番の魅力だ。たとえばエッグは、いす全体が大きく体を包み込むようにできている。さらに頭がくるあたりでは両側が羽か耳のようにせり出して、独特のボリューム感で強い存在感を感じさせる。そして座ってみるとそのフォルムが機能の面からもデザインされていることを実感させられる。コペンハーゲンのSASロイヤルホテルは、彼がデザインしたホテルで、そのロビーにはたくさんのエッグとスワンが並べられている。人との待合せでそのエッグチェアに座って待っていると、多くの人たちでにぎわうそのロビーにいても、包み込まれる安心感と、適度に周りからの視線をさえぎってくれるフォルムが私的空間を守ってくれることに気づく。もちろんどちらのいすも、このホテルのためにデザインされたものなので、ホテルの機能性を考えてデザインされたのだと思うけれど、この強い存在感と機能性を併せて表現する彼のデザイン力に改めて驚かされる。

二〇〇三年八月二五日、僕はコペンハーゲンから四〇分ほど車で走った所にある、フリッツハンセン社を訪れた。いよいよ僕らの布がエッグとスワンに張られる作業に立ち会う日だった。

とてもよく晴れていて、風には少し秋の匂いが混ざっていて心地がよかった。緑に囲まれた広い敷地の中に工場は立っていて、受付や応接室はガラス張りの明るい空間で、北欧共通の清潔感に満ちていた。僕らを迎えてくれた副社長のラース・トフト氏とマーケティング部長のギッテ・マイ氏に、自己紹介と自分たちの今までデザインした布のサンプルを見てもらいながら、ミナ ペルホネンの今までを説明した。その後、製品開発部長のビョーン・ステガー氏にフリッツハンセン社のデザインワークや経営理念などの説明を受けた。そしていよいよ僕はエッグとスワンが作られている工場へと案内された。初めに目に飛び込んできたのは、グレーのウールアンゴラにタンバリン柄を刺繍した布が張られたスワンだった。僕が持っている赤いスワンとは全く印象が違っていた。そして服として見るのともまた違っていた。それは想像していた以上にフォルムになじんでいて、そして今までのものとは違う性格を感じさせてくれた。ミナ ペルホネンの服を着ているスワンは笑っているようだった。奥へ進むと黄色の「タンバリン」が張られたエッグや「サニーレイン」のエッグ、「エンジェル」のエッグ、「パシフィック」のスワンが次々と目に飛び込んできた。現実ではないような気がした。けれど、職人さんたちがUの字になった針で一針ずつ縫い合わせていくのを見るうちに、確かに本当の出来事で、僕が夢のように思っていたことに、居合わせていることを実感できた。職人さんたちは本当にていねいに、愛情のこもった手つきでエッグとスワンを仕上げていった。

ヤコブセンのデザインが彼のいない現在もこんなに愛されている理由は、その物作りへのこだわりと職人の技術と気持ちのこもった手が現在まで受け継がれているからなんだと、この場所で理解することができた。約五〇年前にデザインされたチェアと、今作られている僕たちの布が、一つに合わさっていくのを見ている間、確かにデザインは生き続け、新しいデザインと出会いながら、それぞれの時代に在るんだと思えた。この大きな出会いがこれから長く続いていくことを願いながらコペンハーゲンを後にした。

右がスワンチェア、左がエッグチェア。ファブリックはどちらも「タンバリン」。デンマークの自然の中で、にっこりスマイルのミナのいすたち。写真・富岡秀次

Shu Tomioka

イタリアのナポリで作ったクラシックなシャツ。ブラウスを思わせる、柔らかなシルエットのナポリシャツの特徴を生かしつつ、パターンはミナペルホネンで起こした。細かい部分や動きが必要な部分は手縫い、直線縫いはミシンでと、それぞれの箇所に適した作業を選ぶ、フルハンド（手仕事）から生まれた。写真・三東サイ

←

二〇〇三年九月三日、秋晴れ。ミナ ペルホネンのアトリエ屋上にスタッフが全員集合。左からメリンダ・パイノ、皆川明、上田玉青、石澤敬子、森明子、井津川ふじ恵、一段上がって左から平野里織、白藤有香、高柳美代、横尾薫、下に戻って左から岡田亜紀、長江青、倉橋紗弥子、仁後香代、藤九敬子、階段の前列左から岩田和子、水落裕章、中段左から岩田順子、田中景子、上段左から南部史子、荒川直巳、蓮池良子。写真・三東サイ

皆川 明（みながわ・あきら）

一九六七年、東京生れ。文化服装学院卒業後、一九九五年に自身のファッションブランド「*minä*（二〇〇三年より ***minä perhonen*** ミナ ペルホネン）」を設立。ブランド創設当初より一貫してテキスタイルをオリジナルデザインし服作りを進め、手描きの図案を、織りやプリント、刺繍で表現。また、インテリアファブリックや家具、陶磁器など、暮らしに寄り添うデザインへと活動を広げている。デンマークのクヴァドラ社をはじめとするテキスタイルブランド、さらには陶磁器ブランド リチャード ジノリへのデザイン提供や、東京スカイツリーをはじめとするユニフォームデザイン、雑誌・新聞の挿画なども手掛ける。2006年「毎日ファッション大賞」大賞、「2015毎日デザイン賞」、「平成28年度（第66回）芸術選奨」美術部門文部科学大臣新人賞を受賞。

http://www.mina-perhonen.jp/

ブックデザイン　菊地敦己

皆川明の旅のかけら

a fragment of journey

二〇〇三年一一月一〇日第一刷発行
二〇一七年一一月二〇日第一二刷発行

著　者　皆川 明
発行者　大沼 淳
発行所　学校法人文化学園 文化出版局
〒一五一-八五二四　東京都渋谷区代々木三-二二-一
電話〇三-三二九九-二四九四（編集）
〇三-三二九九-二五四〇（営業）
印刷所・製本所　株式会社文化カラー印刷

●本書は『装苑』連載の「皆川明の旅のかけら」（二〇〇一年一月号〜二〇〇二年一二月号）に加筆訂正したものです。

文化出版局のホームページ　http://books.bunka.ac.jp/